从小爱读**昆虫记**

TANGLANG CHUANGHUO LA

螳螂闯祸啦

[法]法布尔/著　许鹏/编译　汪燕/等绘

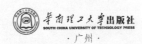
华南理工大学出版社
SOUTH CHINA UNIVERSITY OF TECHNOLOGY PRESS
·广州·

图书在版编目（CIP）数据

螳螂闯祸啦/（法）法布尔著；许鹏编译；汪燕等绘.—广州：华南理工
大学出版社，2016.1
（从小爱读昆虫记）
ISBN 978 - 7 - 5623 - 4823 - 8

Ⅰ.①螳…　Ⅱ.①法…　②许…　③汪…　Ⅲ.①螳螂科-儿童读物
Ⅳ.①Q969.26-49

中国版本图书馆CIP数据核字（2015）第 282511 号

螳螂闯祸啦

（法）法布尔 著　许鹏 编译　汪燕 等绘

出 版 人：卢家明
出版发行：华南理工大学出版社
（广州五山华南理工大学17号楼，邮编510640）
http://www.scutpress.com.cn　　E-mail: scutc13@scut.edu.cn
营销部电话：020-87113487　87111048（传真）
策划编辑：李良婷
责任编辑：陈旭娜　李良婷
印 刷 者：广州市新怡印务有限公司
开　　本：889mm×1194mm　1/24　印张：5　字数：163千
版　　次：2016年1月第1版　2016年1月第1次印刷
定　　价：18.00元

出版说明

　　孩子的童年，不应该只有动画片、玩具车、游乐园，还应该有自然的滋养，包括小动物、小昆虫等。亲近大自然，热爱小动物，是孩子的天性，因为在它们身上，孩子可以感受到生命的奇妙与乐趣。

　　为了呵护孩子的这份童趣，我们编译了法国著名昆虫学家、文学家法布尔先生的科普名著《昆虫记》。我们知道，《昆虫记》是法布尔毕生研究昆虫的伟大成果，在这部著作里，法布尔对昆虫的特征以及生活习性进行了详尽而又充满诗意的描述，他笔下的昆虫，不是可怕、肮脏、令人讨厌的生物，而是美丽、勤劳、勇敢，有着许多神奇小本领，充满生气的生命。

　　《昆虫记》原著共有 10 卷，达两三百万字，为了让 3~6 岁的孩子也能读懂《昆虫记》，感受昆虫世界的神奇与美妙，我们邀请国内著名儿童编剧作家许鹏执笔，对《昆虫记》原著进行了改编。我们这套幼儿美绘注音版的《从小爱读昆虫记》（第一辑）共有 6 册，分别讲述了萤火虫、屎壳郎、螳螂、蜘蛛、蚂蚁、蝎子这 6 种在《昆虫记》原著中最为中国小朋友耳熟能详的小生命。

　　这套书每分册讲述一种昆虫，每一种昆虫都有一个独立完整的故事，每一个昆虫故事都以疑问句引读的方式分成十几个小节，分别介绍昆虫的特征与习性；充满童趣的提问方式，能引起孩子的强烈好奇心。这套书既有生动形象的故事，又不失科普性，尤其在行文间穿插法布尔对昆虫的观察方式及其生平故事，更能凸显原著的精华，让孩子在轻松愉快的阅读当中学到科普知识。这套书的插画由国内知名儿童绘画团队汪燕、龙崎、何丹荔、阿元、王玥等设计，插画别具一格，场景丰富，画面优美，形象可爱，符合孩子的认知习惯与审美特点。

　　让我们和孩子一起，跟着法布尔去结识生活在昆虫王国里的小精灵吧，去感受它们奇妙而又勇敢的一生。

前　言

　　螳螂，是一种备受争议的昆虫。他们是昆虫王国里鼎鼎大名的"打架高手"，也是人见人怕的"大胃王"，就连自己的同类都会毫不留情地吃掉！

　　在自然界，每一种昆虫都有自己的生存方式。小朋友们，看了本书的故事，你也许就会明白，螳螂为什么这么爱打架？大自然的竞争是这么的残酷，螳螂从出生的那一刻开始，就不停地受到各种天敌的袭击，为了保护自己，他们渐渐练就了一身百战百胜的好本领。凭着这些本领，螳螂到处称霸，留下了可怕的坏名声。可是，当你读到凶猛的螳螂妈妈是如何温柔地对待自己的孩子时，又会忍不住默默地感动。

　　昆虫们的世界，就是如此的神奇，等着小朋友们去探索发现，找出一个又一个有趣的小秘密……

目录

我，就是主角！

在这本书里，你将会认识一位可爱的老爷爷和其他一些小家伙哦。

法布尔
喜欢观察昆虫，
爱写作，爱思考。

唐唐
男孩。
勇敢、好斗，
让其他昆虫闻风丧胆，
但是却十分害怕母螳螂。

刀刀
女孩。
捕猎高手，天才"建筑师"。
擅长为孩子们建造巢穴，
十分爱自己的孩子。

fǎ bù ěr yé ye yǒu yī wèi hěn hǎo hěn hǎo de péng you
法布尔爷爷有一位很好很好的朋友，

tā shì yī shēng yě shì kē xué jiā
他是医生，也是科学家。

zhè wèi péng you wán pí jí le
这位朋友顽皮极了，

tā zhǎ ba zhe yǎn jing wèn fǎ bù ěr
他眨巴着眼睛问法布尔：

kuài lái cāi yi cāi
"快来猜一猜，

yī gè xiǎo hái zi zài sēn lín li mí lù le
一个小孩子在森林里迷路了，

huì zěn me xún zhǎo fāng xiàng ne
会怎么寻找方向呢？"

fǎ bù ěr yé ye mō mō hú zi
法布尔爷爷摸摸胡子，

rèn zhēn de sī kǎo qǐ lái
认真地思考起来……

zhè wèi péng you xiào le
这位朋友笑了，

tā zhǐ le zhǐ fǎ bù ěr yé ye de huāng shí yuán shuō
他指了指法布尔爷爷的荒石园，说：

dá àn jiù cáng zài nǐ de kūn chóng wáng guó li ne
"答案，就藏在你的昆虫王国里呢。"

法布尔爷爷好奇地蹲下身子，

只见，一只漂亮的昆虫优雅地向他走了过来。

这只昆虫神态庄严，

前腿像臂膀一样伸向半空，

就像是在向上天祈祷。

"原来是你呀，螳螂先生！"

法布尔爷爷笑眯眯地问道，

"你伸出的一条腿，

难道真的可以给迷路的孩子指引方向吗？"

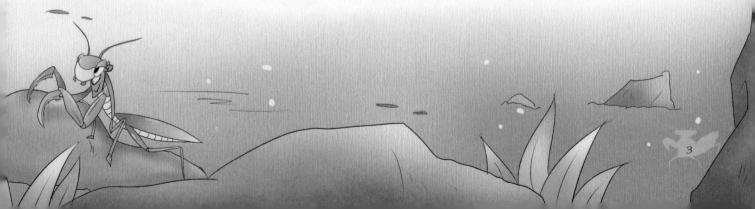

hā hā zhè zhēn shì yī gè huāng táng kě xiào de xiǎng fǎ
哈哈，这真是一个荒唐可笑的想法。

fǎ bù ěr yé ye kě méi nà me bèn
法布尔爷爷可没那么笨，

tā yáo yáo tóu duì péng you shuō
他摇摇头，对朋友说：

táng láng shì yī zhǒng shén mì de xiǎo shēng wù
“螳螂是一种神秘的小生物，

tā men shēn chū de tuǐ bù shì wèi le zhǐ lù
他们伸出的腿，不是为了指路，

ér shì yī jiàn kě pà zhì jí de shā lù gōng jù
而是一件可怕至极的杀戮工具。”

zài sēn lín li mí lù le
在森林里迷路了，

kě yǐ qù wèn tài yáng gōng gong
可以去问太阳公公，

kě yǐ qù wèn dà shù yé ye
可以去问大树爷爷，

hái kě yǐ kàn yi kàn zhǐ nán zhēn
还可以看一看指南针……

xiǎo xiǎo de táng láng shì bù huì gào su nǐ zhèng què dá àn de
小小的螳螂，是不会告诉你正确答案的。

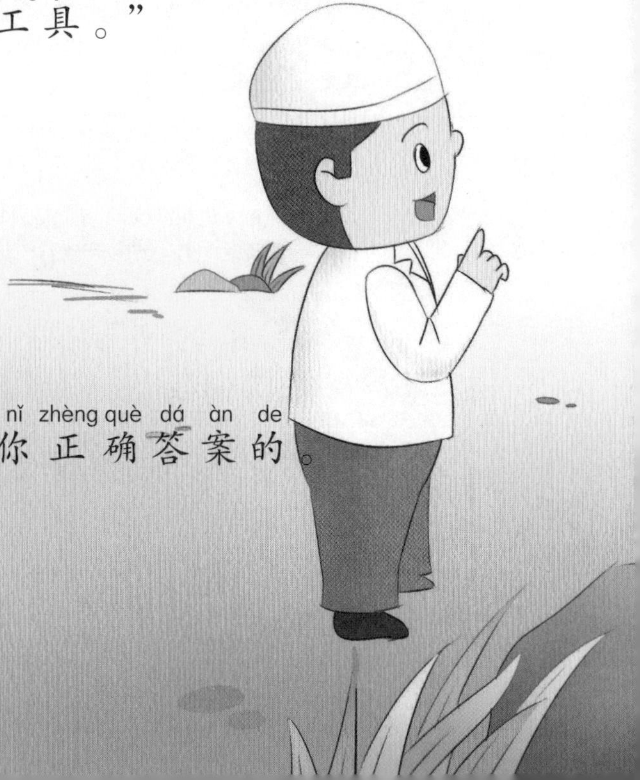

1 咦，螳螂的武器在哪里？

法布尔爷爷为了观察螳螂，

曾经在实验里布置了一座有趣的"角斗场"。

"角斗场"十分简单，

它是一只破旧的盆子，

里面放了一些碎砂，

顶上覆盖着铜丝。

5

第一个光顾这座"角斗场"的，
当然是我们的主角——螳螂先生。
他有一个响当当的名字，叫唐唐。
不一会儿，
活蹦乱跳的蚱蜢来了，
贪吃的蝗虫来了，
大个儿的蜘蛛来了，
……
就连最不起眼的小蚂蚁也来了。

fǎ bù ěr yé ye màn yōu yōu de xuān bù
法布尔爷爷慢悠悠地宣布：

zhè lǐ duì yú kūn chóng men lái shuō
"这里，对于昆虫们来说，

yǐ jīng chēng de shàng shì tóng qiáng tiě bì le
已经称得上是'铜墙铁壁'了！

xiàn zài jiù qǐng nǐ men zài zhè zuò lín shí de jué dòu chǎng li
现在，就请你们在这座临时的'角斗场'里，

tòng tòng kuài kuài de yī jué shèng fù ba
痛痛快快地一决胜负吧！

zuì zhōng yíng dé shèng lì de nà zhī chóng zi
最终赢得胜利的那只虫子，

kě yǐ dì yī gè táo chū zhè lǐ
可以第一个逃出这里。"

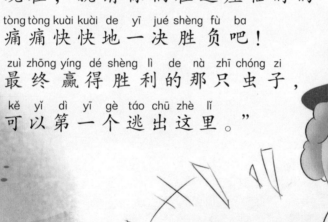

7

xiǎo mǎ yǐ tīng shuō bǐ sài guī zé hòu
小蚂蚁听说比赛规则后，

xià de wā wā dà kū qǐ lái
吓得哇哇大哭起来。

tiān na　　zhè er jiù shǔ wǒ gè tóu zuì xiǎo
"天哪，这儿就数我个头最小。

bù gōng píng　　bù gōng píng
不公平！不公平！"

“哼！”唐唐冷笑一声，

恶狠狠地盯着小蚂蚁。

他举着两条前腿，

静静地站在原地，

仿佛一位神父正在专心地“祈祷”。

"哇，他好帅呀！"

观众们看着唐唐，眼神里满是羡慕。

唐唐的腰又细又长，大腿也很修长，

还披着长长的、轻得像一层纱似的薄翼，

看上去真是优雅极了。

不过，这些都只是假象而已。

唐唐的内心十分冷酷，

他转动着灵活的颈部，

从各个角度观察自己的对手。

那对长在前腿上的武器，

就像两把"镰刀"一样闪着冷光。

他把它们折起来，

举在胸前，气势汹汹地威慑对手。

wū wū　　　nǐ bù yào kàn zhe wǒ
"呜呜……你不要看着我！"

xiǎo mǎ yǐ bèi xià de bù tíng de fā dǒu
小蚂蚁被吓得不停地发抖。

táng tang miàn wú biǎo qíng
唐唐面无表情，

yòu xiàng qián zǒu le jǐ bù
又向前走了几步。

zhè yī huí　　xiǎo mǎ yǐ kàn de gèng qīng chǔ le
这一回，小蚂蚁看得更清楚了。

yuán lái　　nà duì　lián dāo　shang hái zhǎng zhe liǎng pái dāo kǒu bān de jù chǐ
原来，那对"镰刀"上还长着两排刀口般的锯齿，

jù chǐ hòu miàn　　hái yǒu　　gè kě pà de dà chǐ
锯齿后面，还有 3 个可怕的大齿。

gèng kě pà de shì　　táng tang de xiǎo tuǐ jiǎn zhí jiù shì liǎng bǎ jù zi
更可怕的是，唐唐的小腿简直就是两把锯子，

xiǎo tuǐ shang de jù chǐ　　bǐ dà tuǐ shang de hái yào duō
小腿上的锯齿，比大腿上的还要多，

ér qiě　　jù chǐ de mò duān hái yǒu yìng yìng de gōu zi
而且，锯齿的末端还有硬硬的钩子，

yòu jiān　　yòu fēng lì　　jiù xiàng jīn zhēn yī yàng
又尖，又锋利，就像金针一样。

jù chǐ shang hái yǒu yī bǎ wān qū de dāo zi
锯齿上还有一把弯曲的刀子，

shuāng miàn kāi rèn　　jiù xiàng xiū jiǎn zhī yā yòng de jiǎn dāo
双面开刃，就像修剪枝丫用的剪刀。

　　螳螂最强大的武器就是他们的大腿。为了不让锯齿状的大腿伤到自己，他们往往把腿折叠起来，分别收在两排锯齿的中间。

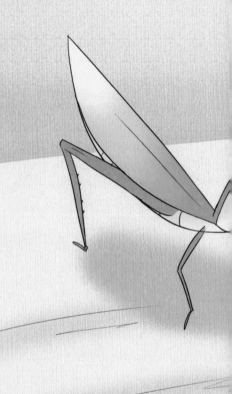

pū tōng　　yī shēng
"扑通"一声，

xiǎo mǎ yǐ guì le xià lái
小蚂蚁跪了下来。

qiú qiú nǐ　　tángláng dà gē
"求求您，螳螂大哥。

zài zhè zuò jué dòu chǎng li
在这座角斗场里，

nǐ de gè tóu zuì dà
您的个头最大，

wǒ de gè tóu zuì xiǎo
我的个头最小，

nǐ dà rén yǒu dà liàng
您大人有大量，

wǒ xiǎo rén yǒu xiǎo mìng
我小人有小命，

nǐ jiù fàng guò wǒ ba
您就放过我吧。"

táng tang de zuǐ jiǎo chōu dòng le yī xià
唐唐的嘴角抽动了一下，

tā yòng lěng kù de yǎn shén dīng zhe xiǎo mǎ yǐ
他用冷酷的眼神盯着小蚂蚁，

yī bù yī bù de xiàng qián yí dòng
一步一步地向前移动。

jīn tiān wǒ dì yī gè yào tiǎo zhàn de
"今天，我第一个要挑战的，

jiù shì nǐ
就是你。"

15

大家被唐唐说的话惊呆了！

只见唐唐放松蜷缩的身体，

飞快地展开三节修长的身躯，

用像针一样的硬钩去钩蚂蚁，

用像锯齿一样的尖刺去刺蚂蚁，

还用健壮无比的大钳子去夹蚂蚁。

那只可怜的小蚂蚁，

还来不及反应，

就已经被两排锯齿重重地压住，

一点儿都动弹不了。

这时，唐唐用钳子将蚂蚁用力地夹紧，

随着惊天动地的惨叫，

战斗，很快就结束了。

螳螂在攻击对手之前，喜欢把身体蜷缩在胸坎处。一旦有昆虫侵犯他们，甚至，只是无意中路过，螳螂都会毫不留情地将对方俘虏。

3 难道小螳螂也是可怕的杀手吗?

"啊——"

观众们发出一阵惊呼。

"真是太凶残了!"

"速度太快了!"

"居然连小小的蚂蚁都不放过!"

大家像炸开了锅,

纷纷交头接耳说个不停。

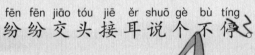

18

tángtang yòng lěng kù de yǎn shén sǎo shì zhōu wéi yī quān
唐唐用冷酷的眼神扫视周围一圈，

zhè xià zi　　 suǒ yǒu de chóng zi dōu bù gǎn kāi kǒu jiǎng huà le
这下子，所有的虫子都不敢开口讲话了。

tā qīng le qīng sǎng mén
他清了清嗓门，

zhǐ zhe yǐ jīng bèi fú lǔ de xiǎo mǎ yǐ
指着已经被俘虏的小蚂蚁。

hng　　 zhè ge wú chǐ de jiā huo
"哼，这个无耻的家伙！

bié kàn tā gè tóu xiǎo
别看他个头小，

qí shí　　 tā bǐ shuí dōu huài
其实，他比谁都坏。"

19

想不到，唐唐居然哭了。

想到小时候的事情，

他忍不住伤心得浑身颤抖起来。

那是在一个晴朗的上午……

yuè de yáng guāng nuǎn yáng yáng de
6月的阳光暖洋洋的，

yī zhī huī sè de jiù pí xié jìng jìng de tǎng zài yáng guāng xia
一只灰色的旧皮鞋静静地躺在阳光下，

pí xié lǐ miàn cáng zhe táng láng mā ma liú xià de cháo xué
皮鞋里面，藏着螳螂妈妈留下的巢穴。

dà yuē shàng wǔ diǎn zhōng
大约上午10点钟，

táng tang kāi shǐ chōng jī qiǎng bǎo
唐唐开始冲击襁褓。

21

在所有的兄弟姐妹中，他是最先出来的一个。

他那两只好奇的黑眼珠，

就像两个大大的黑点。

他藏在巢穴中 像鳞片一样的盖子里，

这是螳螂妈妈留下的通道。

在薄薄的鳞片下，

唐唐安静地伏卧着，

慢慢解放自己的身体。

他的身体十分漂亮，

黄色中带有一点点红色，

小小的嘴紧紧地贴在胸口，

腿紧紧地贴在腹部，

看上去柔弱极了。

唐唐穿着一层结实的外套，

就像蝉一样。

他没有办法在巢中完全伸展自己的小腿，

因为，妈妈留下的通道实在太狭窄、太曲折了。

在这里，根本没有足够的空间，

唐唐无法翘起自己那稚嫩的"大刀"，

也无法竖起那灵敏的触须。

他是那么弱小，

与成年的螳螂无法相提并论。

他必须紧紧缩成一团，

才能在狭窄的通道中前进。

那小小的身体被紧紧包裹在一个襁褓之中，

看上去，就像是一只小船。

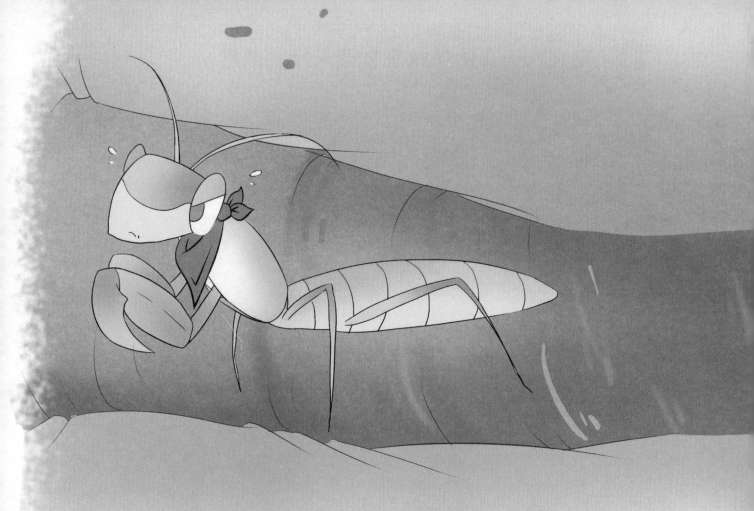

虫虫悄悄话

　　刚刚出生的小螳螂极其缺乏战斗力，与"杀手"的形象相去甚远。即使是十分弱小的昆虫，也能置他们于死地。

奇怪，小小的蚂蚁怎么毁天螳螂家族？

刚出生的唐唐虽然小，

但也十分有力气。

他的头一直膨胀，

直到胀得像一粒水泡。

他的身体不停扭动，

努力地把自己解放出来。

每做一次动作，

他的脑袋就会稍稍变大一点。

于是，他胸部的外皮终于被撑破了。

这真是一个了不起的进步！

"只差一点点，我就要冲出去了！"

唐唐更加急切地扭动着身体，

想要看一看这个陌生的世界。

经过一番剧烈的挣扎，

唐唐终于挣脱了束缚，

腿和触须被解放了出来，

身体也从硬壳中抽了出来。

他兴奋地转动着小眼睛左看右瞧。

突然，传来一阵吵吵嚷嚷的声音，

"冲啊！"

唐唐惊讶地发现，

几乎在同一时间，

其余的几百个兄弟姐妹全都冲了出来，

一时间，就像操场上开大会一样，

数不清的幼虫爬到了巢穴中央，

把这个小小的地方挤得满满的。

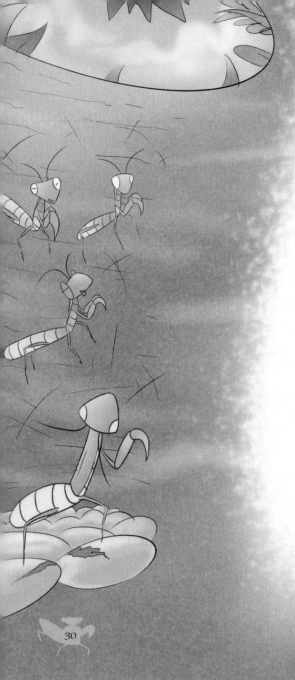

"哈哈，我们真是心灵相通。"

"就像有一个统一的指挥一样。"

大家叽叽喳喳地聊着天，

十分兴奋，

十分热闹。

因为，马上就要见到阳光了。

可就在这时，

巢穴外，

一个不起眼的角落里，

藏着一群不怀好意的小虫子。

危险，正在悄悄地靠近小螳螂们……

这些讨厌的坏家伙们非常有耐心，

她们一次次地在巢边转悠

还时不时地偷偷往里面看上几眼。

好心的法布尔爷爷发现了她们的阴谋，

千方百计地赶走她们，

可是，没过多久，

她们又回来了，

继续守在螳螂幼虫的巢穴门口，

流着口水，

眼巴巴地等待着一顿美餐。

她们是谁呢？

31

shuí yě xiǎng bu dào
谁也想不到，

zhè xiē dà huài dàn jū rán shì zuì bù qǐ yǎn de xiǎo mǎ yǐ
这些大坏蛋居然是最不起眼的小蚂蚁！

mǎ yǐ suī rán ruò xiǎo
蚂蚁虽然弱小，

kě shì gāng chū shēng de xiǎo táng láng bǐ mǎ yǐ gèng ruò xiǎo
可是刚出生的小螳螂比蚂蚁更弱小。

shuí néng xiǎng dào ne
谁能想到呢？

chēng bà kūn chóng wáng guó de táng láng jū rán zài xiǎo shí hou huì bèi mǎ yǐ qī fu
称霸昆虫王国的螳螂居然在小时候会被蚂蚁欺负！

zhè xiē chèn rén zhī wēi de qiáng dào men hěn xiǎng jìn dào cháo xué lǐ miàn
这些趁人之危的强盗们很想进到巢穴里面，

kě shì tā men chōng bu pò cháo xué sì zhōu hòu hòu de qiáng bì
可是，她们冲不破巢穴四周厚厚的"墙壁"，

zhǐ néng tōu tōu de mái fú zài mén kǒu
只能偷偷地埋伏在门口，

chèn zhe xiǎo táng láng men dà dà liē liē de pǎo chū jiā mén de shí hou
趁着小螳螂们大大咧咧地跑出家门的时候，

fēng kuáng de chōng shàng qián qù
疯狂地冲上前去，

chě diào xiǎo táng láng men bù gòu jiān yìng de wài yī
扯掉小螳螂们不够坚硬的外衣，

měi měi de bǎo cān yī dùn
美美地饱餐一顿。

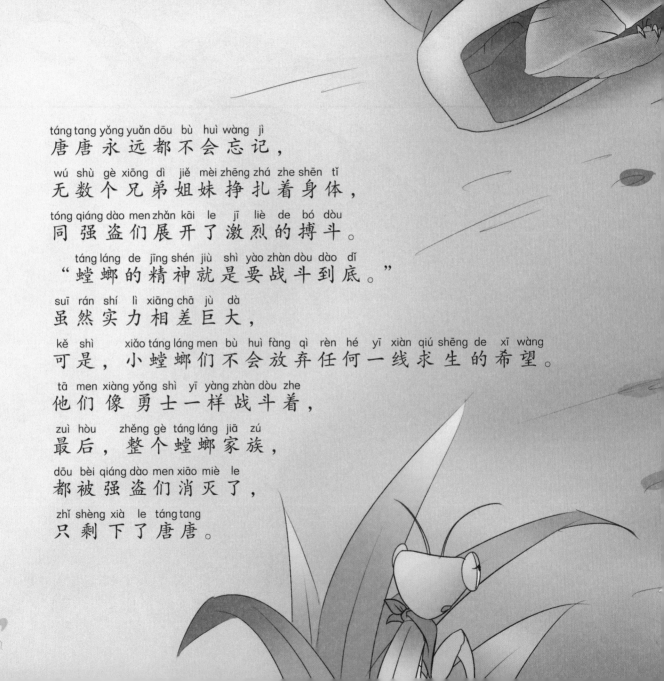

唐唐永远都不会忘记，

无数个兄弟姐妹挣扎着身体，

同强盗们展开了激烈的搏斗。

"螳螂的精神就是要战斗到底。"

虽然实力相差巨大，

可是，小螳螂们不会放弃任何一线求生的希望。

他们像勇士一样战斗着，

最后，整个螳螂家族，

都被强盗们消灭了，

只剩下了唐唐。

……唐唐从回忆中醒来，

他气得哇哇大哭，

愤怒地控诉小蚂蚁：

"你们就是一帮无耻的强盗！

专门欺负刚出生的小螳螂。"

35

xiǎo mǎ yǐ yī tīng
小蚂蚁一听，

xià de lián huà yě shuō bù chū lái le
吓得连话也说不出来了。

méi yǒu yī zhī chóng zi gǎn tì mǎ yǐ qiú qíng
没有一只虫子敢替蚂蚁求情，

táng tang de yǎn jing shǎn shǎn fā guāng
唐唐的眼睛闪闪发光，

chōng mǎn le shā qì
充满了杀气，

yī zhǎ yǎn de gōng fu
一眨眼的工夫，

tā yǐ jīng dǎ kāi le zhé zài xiōng qián de qián jiǎo
他已经打开了折在胸前的前脚，

shǎn diàn bān de bǎ xiǎo mǎ yǐ yā zài jiǎo xia
闪电般地把小蚂蚁压在脚下。

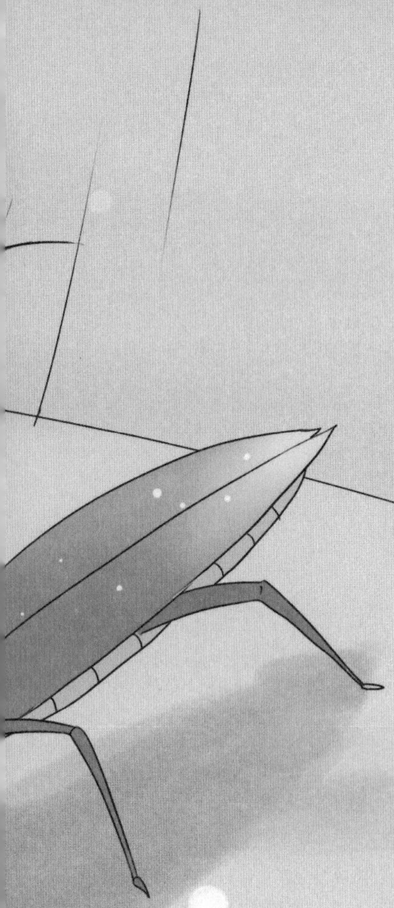

qiú qiú nǐ dà rén yǒu dà liàng
“求求你，大人有大量，
ráo le wǒ ba
饶了我吧！”
xiǎo mǎ yǐ guì zài dì shang
小蚂蚁跪在地上，
tóu kē de xiàng jī zhuó mǐ
头磕得像鸡啄米。
táng tang lěng xiào yī shēng
唐唐冷笑一声，
dāng chū nǐ zěn me jiù bù ráo le wǒ de xiōng dì jiě mèi ne
“当初，你怎么就不饶了我的兄弟姐妹呢？”
tā yòng qián tuǐ shang jù chǐ zhuàng de jiān cì jǐn jǐn de jiā zhù mǎ yǐ
他用前腿上锯齿状的尖刺紧紧地夹住蚂蚁，
shuō shén me dōu bù kěn sōng kāi
说什么都不肯松开。
qián tuǐ shang nà sì gè yòu cháng yòu yǒu lì de guān jié
前腿上那四个又长又有力的关节，
jiù xiàng tán huáng yī yàng yī shēn yī suō
就像弹簧一样一伸一缩，
mò duān jiān ruì de yìng gōu
末端尖锐的硬钩，
zhǔn què de cì jìn le xiǎo mǎ yǐ de shēn tǐ
准确地刺进了小蚂蚁的身体。

āi yō hǎo tòng a
“哎哟，好痛啊！”

xiǎo mǎ yǐ jiào kǔ lián tiān
小蚂蚁叫苦连天。

fàng le tā ba zhè shì zài jué dòu bù shì bǔ liè a
“放了她吧。这是在角斗，不是捕猎啊！”

yī zhī wéi guān de jīn guī zi tì xiǎo mǎ yǐ qiú qíng
一只围观的金龟子替小蚂蚁求情。

kě shì táng láng shì chū le míng de dà wèi wáng
可是，螳螂是出了名的“大胃王”，

tā shí fēn tān chī
他十分贪吃，

kě yǐ yī cì chī xià fēi cháng duō de shí wù
可以一次吃下非常多的食物。

hng hái bù gòu wǒ sāi yá fèng ne
“哼，还不够我塞牙缝呢！”

táng tang yī biān jǔ jué zhe mǎ yǐ
唐唐一边咀嚼着蚂蚁，

yī biān háo bù gù jì de kàn zhe wéi guān de guān zhòng
一边毫不顾忌地看着围观的观众。

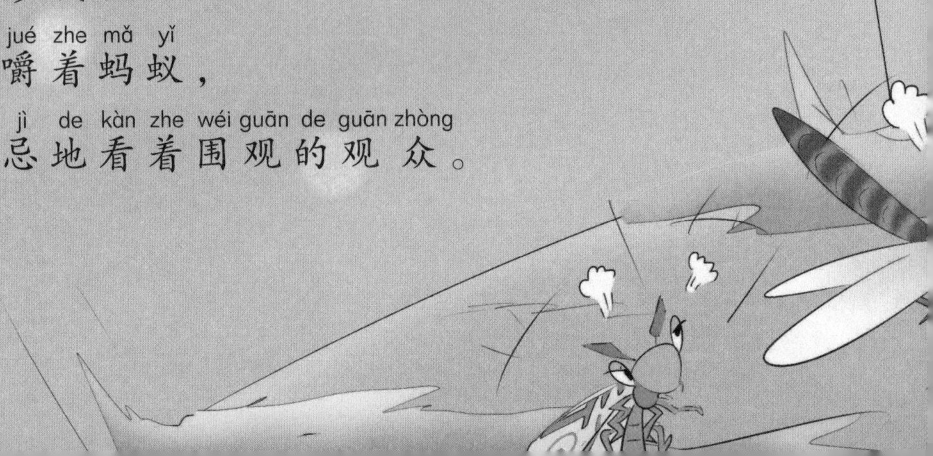

"天哪！他居然把蚂蚁选手吃掉了。"

金龟子吃惊地捂住了嘴巴，

吓得连连发抖。

"这不符合比赛规则，

胜利者是不可以吃掉其他选手的！"

大家你一句，我一句，

七嘴八舌地批评着唐唐。

39

táng tang jué de yǒu diǎn er xiū kuì
唐唐觉得有点儿羞愧，

āi　　zì jǐ tóu nǎo fā rè　zěn me yòu chuǎng huò le ne
哎，自己头脑发热，怎么又闯祸了呢？

cóng xiǎo dào dà
从小到大，

táng tang jiù xǐ huan dǎ jià
唐唐就喜欢打架，

zǒng xǐ huan chuǎng huò
总喜欢闯祸，

zǒng shì bèi dà jiā tǎo yàn
总是被大家讨厌。

kě shì　　dù zi shí zài tài è le ya
可是，肚子实在太饿了呀。

mǎ yǐ yě shí zài tài huài le
蚂蚁也实在太坏了。

méi cuò　　kěn dìng bù shì wǒ de cuò
没错，肯定不是我的错！

虫虫悄悄话

　　刚刚从卵里孵化出来的螳螂幼虫会遭遇蚂蚁毁灭性的打击。不过，一旦幼虫躲过了这个劫难，不用多久，他们就会变得十分强壮。成年的螳螂路过蚂蚁群时，狡猾的蚂蚁们大老远就会望风而逃，否则，这些原先的"凶手"们便会纷纷倒在螳螂脚下。

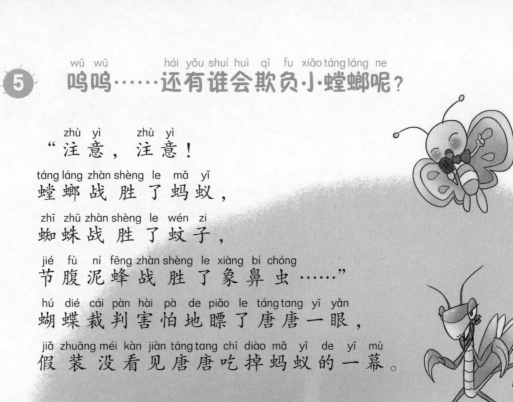

5 呜呜……还有谁会欺负小螳螂呢？

"注意，注意！

螳螂战胜了蚂蚁，

蜘蛛战胜了蚊子，

节腹泥蜂战胜了象鼻虫……"

蝴蝶裁判害怕地瞟了唐唐一眼，

假装没看见唐唐吃掉蚂蚁的一幕。

41

tángtang dé yì jí le
唐唐得意极了，

tā shén qì huó xiàn de zhuàn dòng zhe sān jiǎo xíng de tóu bù
他神气活现地转动着三角形的头部，

yòng mǐn ruì de yǎn jing guān chá zhe sì zhōu
用敏锐的眼睛观察着四周。

táng láng de tóu bù kě yǐ zì yóu xuán zhuǎn
螳螂的头部可以自由旋转180°，

suǒ yǐ bù lùn nǎ ge fāng xiàng de duì shǒu
所以，不论哪个方向的对手，

dōu táo bu chū tángtang de shì xiàn
都逃不出唐唐的视线。

tū rán zài cān sài de xuǎn shǒu dāng zhōng
突然，在参赛的选手当中，

tángtang fā xiàn le yī gè shí fēn yǎn shóu de jiā huo
唐唐发现了一个十分眼熟的家伙。

nà shì yī zhī xiǎo gè tóu de yě fēng
那是一只小个头的野蜂，

tā nà jiān jiān de cì zhēn
他那尖尖的刺针，

ràng táng tang yī yǎn jiù rèn le chū lái
让唐唐一眼就认了出来。

zhēn shì yuān jiā lù zhǎi
"真是冤家路窄！"

táng tang yòng lì yī dēng
唐唐用力一蹬，

tiào dào le yě fēng miàn qián
跳到了野蜂面前。

43

“你是谁啊？”

野蜂斜着眼睛瞄了唐唐一眼，

吓得打了个哆嗦，

他眨眨眼，故意不再去看唐唐。

“这么快就忘记我啦？”

唐唐冷笑着提醒野蜂。

“不久前，

你还去我们家做过客哩！

那个时候，

你只是一粒小小的卵！

你的妈妈悄悄躲在我们家门口，

用一根尖尖的刺针扎破了我们家的墙壁，

再偷偷地把你放了进去。”

44

"哎，真是太倒霉了！"

野蜂心虚地看着唐唐，

脑袋垂得低低的。

"哼，你这个可恶的侵略者，

你早早地孵了出来，

可怜我的兄弟姐妹们，

他们还只是一粒卵的时候，

就被你这个坏蛋偷偷吃掉了好多。"

唐唐指着野蜂，

气得连触须都一抖一抖的。

46

"我……我以后再也不敢了！"

野蜂说完，

拔腿就逃。

唐唐像箭一样飞过去，

挡住了野蜂的退路，

一步，两步，三步，

气势汹汹地靠近野蜂。

跟蚂蚁一样，

野蜂一下子就被唐唐制服了，

然后，唐唐用尖利的大颚，

把猎物吃得干干净净。

47

"螳……螳螂选手，
你……你又犯规了。"
蝴蝶裁判躲在角落里，
细声细气地提醒着。

除了蚂蚁和野蜂之外，螳螂幼虫还常常遭到蜥蜴的攻击。那些侥幸躲过野蜂和蚂蚁的小螳螂们，一遇到蜥蜴，就会被他那灵活的舌头卷起，吞进肚子里。

6 看招！螳螂还会心理战术？

唐唐一点儿都不理会裁判的提醒，

自顾自地咀嚼着猎物。

"哈哈……真是太好吃了！"

"我是螳螂，

一只嚣张的螳螂！

反正已经闯祸了，

再多吃一只又有什么关系。"

唐唐一边唱着歌，

一边吃得津津有味。

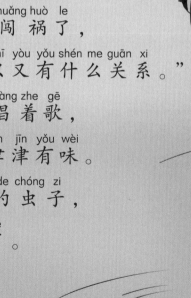

所有在场的虫子，

全都惊呆了。

"还……还有谁要来挑战螳螂？"

蝴蝶裁判结结巴巴地喊道。

这时，一只体型庞大的蝗虫跳了出来，

他瞪着大眼睛，

身体灰扑扑的，

翅膀还发出"呼呼"的响声，

看上去气势汹汹。

"快看，螳螂终于遇到对手了！"

观众们十分兴奋。

"这只蝗虫这么大，

看上去好厉害！"

"啊？螳螂怎么一动也不动？

是不是被吓傻了？"

táng tang sì hū wán quán tīng bu jiàn dà jiā zài shuō shén me
唐唐似乎完全听不见大家在说什么，

tā zhuān zhù de kàn zhe duì shǒu
他专注地看着对手，

lù chū yī fù shēng qì de biǎo qíng
露出一副生气的表情。

zhè ge jiā huo bǐ wǒ dà de duō
“这个家伙比我大得多，

wǒ bù néng qīng yì chū shǒu
我不能轻易出手，

děi xiān xià hu xià hu tā cái xíng
得先吓唬吓唬他才行。”

táng tang zài xīn li zhuó mo zhe
唐唐在心里琢磨着。

měi dāng yù dào gè tóu páng dà de duì shǒu shí
每当遇到个头庞大的对手时，

táng tang zǒng shì shí fēn jǐn shèn
唐唐总是十分谨慎。

tā yī dòng bù dòng
他一动不动，

shù qǐ shēn tǐ de qián bàn bù fen
竖起身体的前半部分，

zhāng kāi nà duì dà dāo bān de qián bì
张开那对“大刀”般的前臂，

shí kè zhǔn bèi zhe yíng jiē huáng chóng de tiǎo zhàn
时刻准备着迎接蝗虫的挑战。

这真是令人诧异的姿势啊。

那对薄薄的翅膀，

像船帆一样竖了起来。

身体的上端弯曲着，

不时地上下起落，

就像一根弯曲着手柄的拐杖。

除了这些奇特的动作，

唐唐还发出了奇特的"咝咝"声，

听上去，

就像毒蛇在吞吐有毒的信子。

huáng chóng kàn dào táng tang de jià shì
蝗 虫 看 到 唐 唐 的 架 势，

bù jīn bèi xià de dào tuì le liǎng bù
不 禁 被 吓 得 倒 退 了 两 步。

táng tang de zuǐ jiǎo lù chū le yī sī lěng xiào
唐 唐 的 嘴 角 露 出 了 一 丝 冷 笑，

tā jì xù yī dòng bù dòng
他 继 续 一 动 不 动，

yǎn jing sǐ sǐ de dīng zhe huáng chóng
眼 睛 死 死 地 盯 着 蝗 虫。

55

nǐ nǐ de yǎn shén hǎo xià rén a
“你……你的眼神好吓人啊！”

huáng chóng yī biān fā dǒu
蝗虫一边发抖，

yī biān tōu tōu de nuó dòng shēn tǐ
一边偷偷地挪动身体。

kě shì nǎ pà tā zhǐ shì qīng qīng de yí dòng yī diǎn diǎn wèi zhi
可是，哪怕他只是轻轻地移动一点点位置，

táng tang dōu huì lì kè zhuàn dòng yī xià tā de tóu
唐唐都会立刻转动一下他的头。

qiú qiú nǐ
“求求你，

bú yào zài dīng zhe wǒ le
不要再盯着我了！”

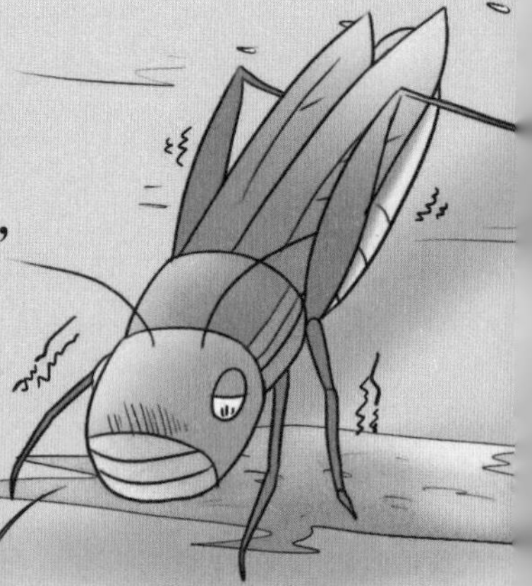

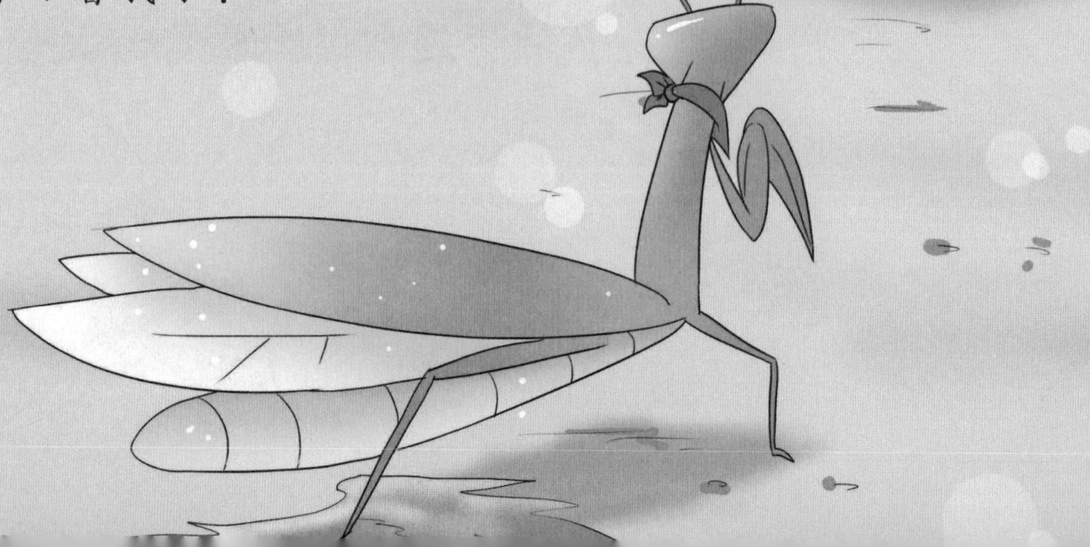

加油！

huáng chóng bèi xià de pā dǎo zài dì
蝗 虫被吓得趴倒在地，

kàn shàng qù hài pà jí le
看上去害怕极了。

bù hǎo huáng chóng bèi xià huài le
"不好， 蝗 虫被吓坏了！

bái kuī le tā de dà gè zi
白亏了他的大个子。"

wéi guān de jīn guī zi rāng rang jiào hǎn
围观的金龟子嚷嚷叫喊，

yī gè jìn de wéi huáng chóng jiā yóu
一个劲地为蝗 虫加油。

bù yào pà táng láng shì zài xià hu nǐ
"不要怕！螳螂是在吓唬你，

tā gēn běn jiù bù gǎn fā qǐ gōng jī
他根本就不敢发起攻击。"

hng nǐ dǒng shén me
"哼！你懂什么？

zhè shì xīn lǐ zhàn shù dèng shuí shuí jiǎo ruǎn
这是心理战术——瞪谁谁脚软。"

táng tang piǎo le jīn guī zi yī yǎn
唐唐瞟了金龟子一眼，

jì xù sǐ sǐ de dīng zhù huáng chóng
继续死死地盯住蝗虫。

guǒ rán gāng cái hái tiān bù pà dì bù pà de huáng chóng
果然，刚才还天不怕地不怕的蝗虫，

xiàn zài yǐ jīng bèi xià shǎ le yǎn
现在已经被吓傻了眼。

nǐ jiǎn zhí shì gè guài wu
"你简直是个怪物！"

huáng chóng kū le chū lái
蝗虫哭了出来，

yī diǎn er yě bù gǎn sōng xiè
一点儿也不敢松懈，

tā jǐn jǐn de zhù shì zhe táng tang
他紧紧地注视着唐唐，

dà qì dōu bù gǎn chuǎn
大气都不敢喘。

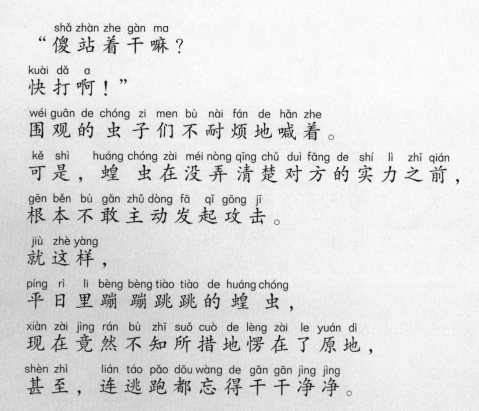

shǎ zhàn zhe gàn ma
"傻站着干嘛？

kuài dǎ a
快打啊！"

wéi guān de chóng zi men bù nài fán de hǎn zhe
围观的虫子们不耐烦地喊着。

kě shì huáng chóng zài méi nòng qīng chǔ duì fāng de shí lì zhī qián
可是，蝗虫在没弄清楚对方的实力之前，

gēn běn bù gǎn zhǔ dòng fā qǐ gōng jī
根本不敢主动发起攻击。

jiù zhè yàng
就这样，

píng rì li bèng bèng tiào tiào de huáng chóng
平日里蹦蹦跳跳的蝗虫，

xiàn zài jìng rán bù zhī suǒ cuò de lèng zài le yuán dì
现在竟然不知所措地愣在了原地，

shèn zhì lián táo pǎo dōu wàng de gān gān jìng jìng
甚至，连逃跑都忘得干干净净。

“笨蛋！不想打，
就跑啊！”
金龟子挥舞着六条腿，
又急又气地看着蝗虫。
“三十六计，走为上计！
快跑啊——”
大家好心地劝着蝗虫。

蝗虫完全慌了神儿，

只见他继续伏在原地，

连一点儿声响也不敢发出，

生怕稍稍不注意，

就会成为螳螂的美餐。

"哎，你真是太可悲了！"

唐唐嘲笑着蝗虫。

这时，蝗虫也许是吓坏了，

居然向着唐唐的方向移动了几步，

靠近了可怕的敌人。

“哈哈，居然主动来送死！
我的心理战术简直太厉害了！”
唐唐忍不住大笑起来。
就在蝗虫移动到自己的攻击范围后，
唐唐立刻发动攻击，
用自己强壮的大钳子，
毫不留情地击打着可怜的蝗虫，
同时，还用小腿紧紧地压住蝗虫，
让他不能动弹丝毫。
“快——快放开我！”
蝗虫拼命地挣扎。
“哼，决定胜负的时候到了！”
唐唐大声宣布。

guān jiàn shí fēn
关键时分，

táng tang xiān xià shǒu wéi qiáng
唐唐先下手为强，

zhí jiē gōng xiàng huáng chóng de bó zi
直接攻向蝗虫的脖子。

zhǐ tīng ā de yī shēng cǎn jiào
只听"啊——"的一声惨叫，

huáng chóng hún shēn wú lì de dǎo xià le
蝗虫浑身无力地倒下了。

tā chè dǐ shī qù le fǎn kàng de néng lì
他彻底失去了反抗的能力，

jiā shàng nèi xīn de kǒng jù
加上内心的恐惧，

dòng zuò jiàn jiàn biàn de chí huǎn
动作渐渐变得迟缓，

zuì hòu zhōng yú biàn chéng le táng tang de yī dùn měi cān
最后，终于变成了唐唐的一顿美餐。

64

guǒ rán shì gè tóu dà de bǐ jiào hǎo chī
"果然是个头大的比较好吃！"

táng tang mǒ le mǒ zuǐ ba
唐唐抹了抹嘴巴，

páng ruò wú rén de xiǎng shòu zhe měi wèi
旁若无人地享受着美味。

虫虫悄悄话

　　螳螂是天生的心理专家，非常擅长用心理战术震慑敌人。同时，他们还有攻击敌人颈部的"必杀技"。对付比自己个头大的敌人时，这种招数十分有用；而对那些大小相仿的敌人，就更加有效了。

tài guò fèn le
"太过分了！"

yī gè fèn nù de shēng yīn cóng lóng zi dǐng shang chuán lái
一个愤怒的声音从笼子顶上 传来。

táng tang piǎo le yī yǎn　bù xiè yī gù de shuō
唐唐瞟了一眼，不屑一顾地说：

yuán lái shì nǐ a　zhuī tóu táng láng lǎo dì
"原来是你啊，锥头螳螂老弟！"

zhuī tóu táng láng yī dòng bù dòng de dǎo xuán zài tiě sī shang
锥头螳螂一动不动地倒悬在铁丝上，

tā shì chū le míng de　shēn shì
他是出了名的"绅士"，

jiàn dào táng tang pò huài bǐ sài guī zé de xíng wéi
见到唐唐破坏比赛规则的行为，

qì de shēn tǐ yī dǒu yī dǒu de
气得身体一抖一抖的。

zhēn bù gǎn xiāng xìn
"真不敢相信，

wǒ hé nǐ jìng rán shì qīn qi
我和你竟然是亲戚！"

zhuī tóu táng láng zhǐ zhe táng tang mà dào
锥头螳螂指着唐唐骂道。

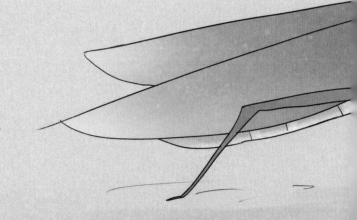

zhuī tóu táng láng zhǎng de shí fēn qí guài
锥头螳螂长得十分奇怪，

tā de liǎn jiān jiān de
他的脸尖尖的，

hú xū yòu cháng yòu juǎn
胡须又长又卷，

liǎng zhī yǎn jing yòu dà yòu tū chū
两只眼睛又大又突出。

liǎng yǎn zhī jiān
两眼之间，

hái zhǎng zhe fēi cháng fēng lì de duǎn jiàn
还长着非常锋利的"短剑"。

zuì yǐn rén zhù mù de
最引人注目的，

shì tā qián é shang nà dǐng qí guài de jiān mào zi
是他前额上那顶奇怪的"尖帽子"。

yīn wèi qì fèn
因为气愤，

tā de shēn tǐ bù tíng de yáo huàng
他的身体不停地摇晃，

jiān mào zi yě bù tíng de yáo huàng
"尖帽子"也不停地摇晃，

jiān liǎn shang de nà duì dà yǎn jing
尖脸上的那对大眼睛，

zhèng sǐ sǐ de dīng zhù táng tang
正死死地盯住唐唐。

"老弟，你摆出这副样子唬谁啊？"

唐唐又好气又好笑地看着锥头螳螂，

"我还不知道你？

一只小小的苍蝇都够你吃好几天的。"

锥头螳螂不甘示弱地挺了挺胸，

突然，用尽全力朝唐唐冲去。

他用那顶像雄羊的前额一样奇怪的"尖帽子"，

奋力地冲撞着唐唐。

唐唐毫不客气地用大钳子还击，

并一口咬住了锥头螳螂的脖子。

他用一只前腿按住他的腹部，

另一只前腿按住他的头部，

然后，飞快地咬住他的颈部神经，

锥头螳螂便彻底瘫痪了。

"哼！别以为你长相吓人，

我就会怕你。"

唐唐得意地喊道。

"现在，还有谁要挑战我？"

台下，大家都静悄悄的，

只听见发抖的声音。

突然，惊人的一幕发生了！

唐唐一口咬死了锥头螳螂，

面不改色，美美地吃着，

就跟吃蝗虫、蚂蚁一样！

"太，太可怕了！"

"他……他居然吃掉了自己的亲戚！"

围观的虫子们惊恐地叫喊着，

一下子，

大家散的散，逃的逃，

全都躲在了角斗场的角落里。

72

"kàn lái， táng láng zhè zhǒng jiā huo
看来，螳螂这种家伙，

jiǎn zhí shì tiān shēng de yǒng shì hé tān chī guǐ
简直是天生的勇士和贪吃鬼。"

yī gè dī chén de shēng yīn zài lóng zi wài xiǎng qǐ
一个低沉的声音在笼子外响起。

yuán lái， shì fǎ bù ěr yé ye
原来，是法布尔爷爷，

tā jué dìng chèn zhe táng tang hái méi yǒu chī diào guān zhòng hé cái pàn zhī qián
他决定趁着唐唐还没有吃掉观众和裁判之前，

gǎn jǐn bǎ zhè ge è mó fàng zǒu le
赶紧把这个"恶魔"放走了。

chū qù ba
"出去吧！

zài wēi xiǎn de dà zì rán li
在危险的大自然里，

nǐ huì dé dào jiào xùn de
你会得到教训的！"

 虫虫悄悄话

　　锥头螳螂与螳螂截然不同，他们是友好的"和平主义者"，虽然长相十分恐怖，可是，他们不会主动去恐吓别人，而且食量也很小，一点都不符合"魔鬼"般的形象。

猜一猜，公螳螂和母螳螂谁更厉害？

zhè xià zhōng yú zì yóu le
这下终于自由了！

táng tang hēng zhe gē er
唐唐哼着歌儿，

dé yì yáng yáng de lái dào le huāng shí yuán
得意洋洋地来到了荒石园。

hā hā   wǒ shì yǒng gǎn de táng láng
"哈哈……我是勇敢的螳螂。

wǒ shì shèng lì de táng láng
我是胜利的螳螂。

zài kūn chóng wáng guó li
在昆虫王国里，

méi yǒu shuí néng dǎ bài wǒ
没有谁能打败我！"

tū rán　　cǎo cóng li
突然，草丛里，

tiào chū yī zhī shēn cái gāo dà de mǔ táng láng
跳出一只身材高大的母螳螂。

tā zhǎng de　jì xiān xì yòu yōu yǎ
她长得既纤细又优雅，

dàn lù sè de shēn tǐ
淡绿色的身体，

xì cháng de yāo
细长的腰，

zài jiā shàng　　liǎng bǎ shǎn shǎn fā guāng de　　dà dāo
再加上……两把闪闪发光的"大刀"！

mā ya　　tài xià rén le
"妈呀，太吓人了！"

táng tang zhuǎn guò shēn
唐唐转过身，

xiǎng yào táo pǎo
想要逃跑。

shuí zhī　　　mǔ táng láng yī xià jiù tiào dào le táng tang gēn qián
谁知，母螳螂一下就跳到了唐唐跟前，

tā lì zài yī gēn qīng cǎo shang
她立在一根青草上，

dài zhe cháo fěng de shén qíng
带着嘲讽的神情，

jū gāo lín xià de kàn zhe táng tang
居高临下地看着唐唐。

"你，你不是胜利的螳螂吗？

怎么一见我，

就吓得掉头逃跑呢？"

母螳螂气势汹汹地叉着腰，

振动着翅膀。

唐唐害怕得腿都软了，

他伸出前腿，

做出一副祈祷的姿势，

不过，这一次可不是为了恐吓对手，

而是为了求饶。

"求求你，我再也不敢说自己是胜利的螳螂了，

美丽的螳螂小姐，

您才是啊！"

mǔ táng láng hā hā dà xiào
母螳螂哈哈大笑，

nǐ xiàn zài cái xué huì qiān xū
"你现在才学会谦虚，

shí zài shì tài wǎn le
实在是太晚了。"

shuō wán　　tā háo bù liú qíng de zhǎn kāi nà duì dà qián zi
说完，她毫不留情地展开那对大钳子，

bǎ táng tang jǐn jǐn de jiā zhù le
把唐唐紧紧地夹住了。

āi　 yō　　kuài fàng kāi
"哎哟，快放开！

nǐ zěn me yī diǎn shū nǚ fēng dù dōu méi yǒu
你怎么一点淑女风度都没有？"

táng tang dà hū xiǎo jiào
唐唐大呼小叫，

kě shì　　　mǔ táng láng bù dàn bù fàng kāi
可是，母螳螂不但不放开，

hái yòng jù chǐ shang de jiān cì pīn mìng de zhā te de shēn tǐ
还用锯齿上的尖刺拼命地扎他的身体。

táng tang bèi zhā de yūn tóu zhuàn xiàng
唐唐被扎得晕头转向，

wū wū nán dào wǒ yào sǐ zài zhè lǐ le ma
“呜呜……难道，我要死在这里了吗？

wū wū tài cǎn le wǒ hái méi yǒu jié hūn ne
呜呜……太惨了，我还没有结婚呢！”

jiù zài táng tang jiào kǔ lián tiān de shí hou
就在唐唐叫苦连天的时候，

yī gè xiǎo xiǎo de shēn yǐng chū xiàn le
一个小小的身影出现了。

hā hā táng láng xiōng di
“哈哈！螳螂兄弟，

zhēn xiǎng bù dào a
真想不到啊，

nǐ yě yǒu jīn tiān
你也有今天！”

yuán lái shì jué dòu chǎng wéi guān de nà zhī jīn guī zi
原来，是角斗场围观的那只金龟子。

táng tang zhèng bèi mǔ táng láng cǎi zài jiǎo xia
唐唐正被母螳螂踩在脚下，

zhè xià zi tā jué de zì jǐ zhēn shì tài dǎo méi tài diū liǎn le
这下子，他觉得自己真是太倒霉、太丢脸了！

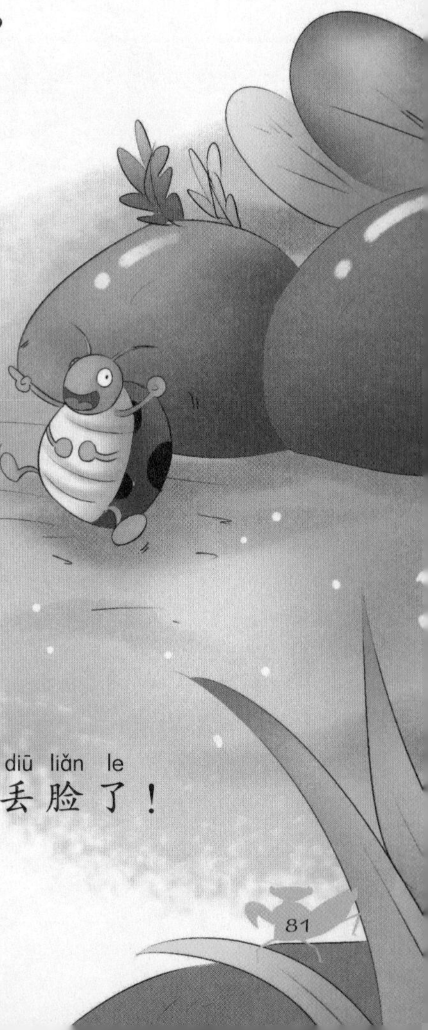

méi xiǎng dào　　mǔ táng láng tū rán tíng le xià lái
没想到，母螳螂突然停了下来，

méi yǒu jié hūn
"没有结婚？

nà　　　　nǐ yào bu yào gēn wǒ jié hūn
那……你要不要跟我结婚？"

táng tang yī tīng
唐唐一听，

xià de kū le qǐ lái
吓得哭了起来。

kě shì　　rú guǒ bù jié hūn
可是，如果不结婚，

tā kěn dìng huì mǎ shàng sǐ diào
他肯定会马上死掉。

hǎo　　　　hǎo ba
"好……好吧！"

táng tang yǒu qì wú lì de dā yìng le
唐唐有气无力地答应了。

虫虫悄悄话

　　在螳螂的家族里，母螳螂不仅块头比公螳螂大，而且，胃口也比公螳螂大。打起架来，公螳螂往往不是母螳螂的对手。

9 太可怕了！母螳螂会吃掉新郎？

母螳螂在荒石园的草地上举办了婚礼，

凡是参加过角斗的虫子都被邀请了。

虽然，没有一只虫子想来，

可是，母螳螂威胁他们：

"凡是不来的，

都会被我吃掉！"

婚礼十分隆重，

客人可真多——

天上飞的、地上爬的、水里游的……

六条腿的、八条腿的……

凡是荒石园里的居民，

没一个敢不来。

除了——新郎自己！

原来，唐唐趁着虫多眼杂，

偷偷地跳进草丛里，

溜走了！

"新郎新郎，

你为什么要逃跑啊？"

这丢人的一幕，

居然又被金龟子瞧见了。

85

táng tang āi shēng tàn qì
唐唐唉声叹气，

xiǎo shēng de jiě shì shuō
小声地解释说：

nǐ lián fǎ bù ěr de zuì xīn yán jiū dōu bù zhī dào ma
"你连法布尔的最新研究都不知道吗？

táng láng hěn kě pà
螳螂很可怕，

mǔ táng láng gèng kě pà
母螳螂更可怕！

táng láng huì chī diào táng láng
螳螂会吃掉螳螂，

mǔ táng láng huì chī diào gōng táng láng
母螳螂会吃掉公螳螂！"

ā
“啊——”

jīn guī zi fā chū yī shēng jīng hū
金龟子发出一声惊呼，

xià de wǔ zhù le zuǐ ba
吓得捂住了嘴巴。

cǎn le
“惨了！

nán guài nǐ yī zǒu
难怪你一走，

mǔ táng láng jiù zhuā le lìng yī zhī gōng táng láng
母螳螂就抓了另一只公螳螂，

yào tā dǐng tì xīn láng
要他顶替新郎！”

táng tang yī tīng
唐唐一听，

gǎn jǐn bá tuǐ jiù pǎo
赶紧拔腿就跑。

hūn lǐ xiàn chǎng
婚礼现场，

chuán lái yī shēng cǎn jiào
传来一声惨叫，

zhǐ jiàn mǔ táng láng zhāng kāi tān chī de dà zuǐ
只见，母螳螂张开贪吃的大嘴，

cháo zhe xīn láng yī kǒu yǎo xià qù
朝着新郎一口咬下去，

zhí dào zhǐ shèng xià le liǎng piàn báo báo de chì bǎng
……直到，只剩下了两片薄薄的翅膀！

cān jiā hūn lǐ de chóng zi men
参加婚礼的虫子们，

quán dōu xià de mù dèng kǒu dāi
全都吓得目瞪口呆，

pǎo de pǎo táo de táo
跑的跑，逃的逃，

tuǐ bǐ jiào màn de
腿比较慢的，

quán dōu luò rù le mǔ táng láng de dà zuǐ
全都落入了母螳螂的大嘴！

虫虫悄悄话

有些残忍的母螳螂，往往会饥不择食，在交配后吃掉自己的丈夫！

mǔ táng láng tài kě pà
"母螳螂太可怕!

xìng kuī wǒ gòu cōng míng
幸亏我够聪明,

xìng kuī wǒ pǎo de kuài
幸亏我跑得快。

yào bù rán
要不然,

bèi dāng chéng dà cān de jiù shì wǒ
被当成大餐的就是我。"

táng tang jīng lì le zhè jiàn shì hòu
唐唐经历了这件事后,

xià de lì xià shì yán
吓得立下誓言:

cóng cǐ zhǐ yào jiàn dào mǔ táng láng
从此,只要见到母螳螂,

yī dìng yào rào lù zǒu
一定要绕路走!

wǒ shì yī gè gū dú de dāo kè zhù dìng yào làng jì tiān yá
我是一个孤独的刀客,注定要浪迹天涯。

nǐ hǎo ya
"你好呀——

wǒ jiào dāo dao
我叫刀刀！"

bù zhī shén me shí hou
不知什么时候，

lìng yī zhī mǔ táng láng tū rán zhàn zài lù zhōng jiān
另一只母螳螂突然站在路中间，

zuǐ li jiáo zhe yī zhī huáng chóng
嘴里嚼着一只蝗虫，

yǒu hǎo de xiàng táng tang dǎ zhāo hu
友好地向唐唐打招呼。

táng tang xià de diào tóu jiù pǎo
唐唐吓得掉头就跑，

dāo dao zài hòu miàn yī biān zhuī
刀刀在后面一边追，

yī biān hǎn   wèi wèi   bù yào pǎo
一边喊："喂喂，不要跑！

wǒ de bǔ liè jì qiǎo dǐng guā guā
我的捕猎技巧顶呱呱，

wǒ de dù zi bǎo bǎo de
我的肚子饱饱的。

bù yòng dān xīn   wǒ bù huì chī diào nǐ
不用担心，我不会吃掉你。"

91

zhēn de
"真的？"

táng tang huí guò tóu lái
唐唐回过头来，

bàn xìn bàn yí de kàn zhe dāo dao
半信半疑地看着刀刀。

dāo dao lù chū le mí rén de wēi xiào
刀刀露出了迷人的微笑，

zhǐ yǒu chī bù bǎo dù zi de mǔ táng láng
"只有吃不饱肚子的母螳螂，

cái huì chī diào gōng táng láng
才会吃掉公螳螂！

zhǐ yǒu méi běn shi de mǔ táng láng
只有没本事的母螳螂，

cái huì chī diào gōng táng láng
才会吃掉公螳螂。"

"真是一位美丽的姑娘啊！
她愿意当我的新娘吗？"
唐唐佩服地看着刀刀，
他早已把刚才的誓言忘得干干净净。
这时，金龟子从路边跳出来，
指着唐唐大声说：
"这个家伙，
刚刚还从婚礼上逃跑了呢。"

93

dāo dao dà chī yī jīng
刀刀大吃一惊，

nǐ nǐ jū rán shì gè nuò fū
"你……你居然是个懦夫？"

táng tang dī xià tóu
唐唐低下头，

hǎo jiǔ hǎo jiǔ bù shuō huà
好久好久不说话。

wǒ wǒ yī dìng huì zhèng míng wǒ de shí lì
"我，我一定会证明我的实力。"

táng tang xiǎo shēng de bǎo zhèng
唐唐小声地保证，

wǒ huì zhuā lái hǎo duō hǎo duō měi wèi de chóng zi
"我会抓来好多好多美味的虫子，

dāng zuò qiú hūn de lǐ wù
当做求婚的礼物。"

 虫虫悄悄话

　　螳螂吃夫，是母螳螂鼎鼎大名的坏习惯。但是，在自然界中，母螳螂吃掉丈夫的情况其实并不多。通常，身体强壮、捕猎能力强的母螳螂，并不需要吃掉丈夫来填饱肚子。

11 哇！捕猎时会不会遇到"双重大礼"？

在黄蜂的地穴旁，

唐唐耐心地守候着。

一只马马虎虎的黄蜂准备回家，

他拖着被打败的蜜蜂，

快乐地哼着歌儿。

"哈哈……好甜呐！"

黄蜂得意地吸着蜜蜂体内的蜜汁，

却完全没有注意到，

埋伏在草丛里的唐唐。

唐唐趁机跳了出来。

"啊——你是谁？"

黄蜂还来不及反应，

就被唐唐以闪电般的速度打垮了。

贪吃的黄蜂被俘之后，

居然还没有停下嘴巴，

仍然在津津有味地吃着蜜蜂嗉袋里储藏的蜜。

"真是人为财死，虫为食亡啊！"

唐唐很鄙视地看了一眼黄蜂，

"你俘虏了蜜蜂，

我又俘虏了你，

哈哈……真是'一箭双雕'！"

说完，唐唐拖着双份的食物，

开心地送到了刀刀面前。

“哇——你表现还不错！”

刀刀用赞赏的眼神看着唐唐，

害羞地说：“我决定嫁给你。”

还是在荒石园里，

唐唐再一次当了新郎。

他开心地挽着刀刀的胳膊，

在草地上、花丛中，

翩翩起舞。

所有路过的昆虫

看到他们，

全都躲得远远的。

 虫虫悄悄话

爱游泳的黄蜂是螳螂最喜欢的食物之一。螳螂守候在青苔、花丛草叶上，有时会碰上黄蜂还把美味猎物叼来。这时，螳螂先作出一副神秘的样子，接下来螳螂猛地扑过去，会突然缠住，让黄蜂无法逃脱。唐唐是螳螂中最优秀的猎手之一。

为什么说螳螂妈妈是高明的"建筑师"呢？

不久，刀刀怀孕了。

她开始前所未有地忙碌起来……

在阳光能照耀到的地方，

刀刀在石头堆里，

开始建造孩子们的巢穴。

结婚礼物

cháo xué cháng　　　　lí mǐ
巢穴长 3～6 厘米，

kuān bù dào　　　lí mǐ
宽不到 4 厘米。

cóng biǎo miàn kàn qù
从表面看去，

tā de yán sè jiù xiàng mài zi yī yàng jīn huáng jīn huáng de
它的颜色就像麦子一样金黄金黄的。

wán pí de fǎ bù ěr yé ye fā xiàn le dāo dao
顽皮的法布尔爷爷发现了刀刀，

tā duǒ zài shù cóng zhōng
他躲在树丛中，

tōu tōu de guān chá zhe tā de xíng wéi
偷偷地观察着她的行为。

在暖洋洋的阳光下，

刀刀从身体里排出一种黏黏的东西，

它一接触到空气，

就变成了灰白色的泡沫。

刀刀用身体末端的小杓，

像打鸡蛋一样打起这些泡沫。

过了一会儿，

泡沫凝固了，

变成了硬邦邦的固体。

"太好了！
现在，孩子们有家了。"
刀刀心满意足地产下了第一批卵，
然后，她每产下一层卵，
都往卵上覆盖一层泡沫。
法布尔爷爷趁着刀刀不注意，
偷偷拿走了一些泡沫。
他把它们放到火上去烧，
闻到了一股刺鼻的怪味。
"真奇妙啊！
这究竟是什么东西呢？"
法布尔爷爷自言自语地说着。
"昆虫的世界真是太神奇了！"

当所有的卵都被放好后，

刀刀终于松了一口气，

"呼——可以把这个家封起来了！"

为了不让别的昆虫吃掉自己的幼虫，

刀刀开始修建卵囊的外壳。

她继续排出跟刚才一模一样的泡沫，

可是，这一回，

她用身上的杓轻轻地撇去表面上的浮皮，

再把剩下的"带子"覆盖在巢穴背面。

巢穴封好后，看上去是粉白色的，

有着一层容易脱落的，像饼干外衣一样的外壳。

最后，刀刀再次确认了一遍，

"没错，所有的卵都是头朝着门口的！"

巢穴的"门"，

是由一些前后覆盖的小片构成的，

就像屋顶上的瓦片一样。

小片边沿，有两行缺口，

一个在左，一个在右，

可以让孵化的小宝宝们从这里跑出来。

"哇，你真是一个天才！"

唐唐敬佩地看着刀刀，

他真不敢相信，

在整个建筑过程中，

刀刀竟然一动也不动，

甚至，连看都不用看一眼，

就在背后建起了这座精美的建筑

"快教教我吧，

怎样才能像你一样当一名优秀的建筑师呢？"

唐唐眼巴巴地望着刀刀，

好想变得像她一样厉害。

 虫虫悄悄话

　　螳螂妈妈非常富有建筑才能，只要是表面凹凸不平的东西，都可以被她们用来作为巢穴的地基，然后，她们不需要用到强壮的大腿，只靠着身上的小机器，就能在原地完成一系列非常复杂的工作。

13 啊！螳螂妈妈真的会抛弃自己的宝宝？

刀刀看着唐唐，好久好久都没有说话。

最后，她轻轻地告诉唐唐：

"我需要去搜集一些材料，

等我回来，就可以教你了。"

说完，刀刀头也不回地走了。

唐唐留在原地，

一直等啊等，

却再也没有看到刀刀回家。

bié děng le
"别等了！"

lù guò de jīn guī zi tóng qíng de kàn zhe táng tang
路过的金龟子同情地看着唐唐，

dà shēng shuō dào
大声说道：

suǒ yǒu de mǔ táng láng chǎn luǎn zhī hòu
"所有的母螳螂产卵之后，

dōu huì yī gè rén pǎo diào
都会一个人跑掉。

tā men pāo qì zì jǐ de hái zi
她们抛弃自己的孩子，

yǒng yuǎn bù huì zài huí lái le
永远不会再回来了。"

táng tang kū le
唐唐哭了。

tā xiǎng qǐ le zì jǐ wèi shén me biàn de nà me hào dòu nà me tān chī
他想起了自己为什么变得那么好斗、那么贪吃，

yīn wèi cóng chū shēng de dì yī tiān qǐ
因为，从出生的第一天起，

tā jiù méi yǒu mā ma
他就没有妈妈。

mǎ yǐ xī yì yě fēng
蚂蚁、蜥蜴、野蜂……

dà jiā dōu lái qī fu tā
大家都来欺负他，

suǒ yǐ dāo dao fā shì
所以，刀刀发誓，

yī dìng yào biàn de qiáng dà yī diǎn
一定要变得强大一点、

zài qiáng dà yī diǎn
再强大一点。

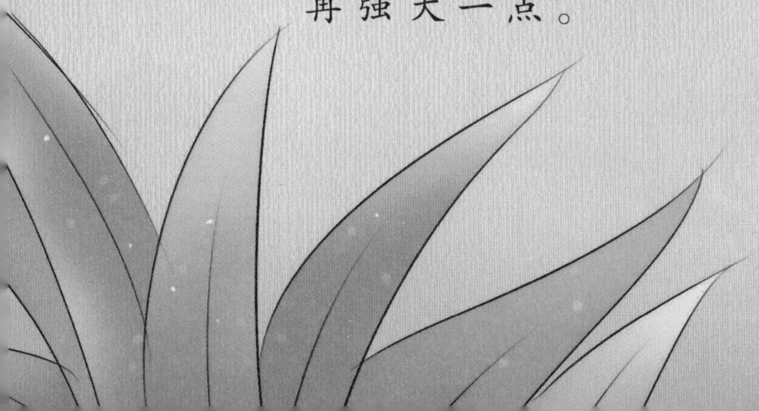

wū wū wǒ zhōng yú míng bai le
“呜呜……我终于明白了，

táng láng wèi shén me méi yǒu mā ma
螳螂为什么没有妈妈。”

táng tang kū de xī li huā lā
唐唐哭得稀里哗啦，

yuán lái mā ma shēng xià wǒ men
“原来，妈妈生下我们，

jiàn wán cháo xué yǐ hòu
建完巢穴以后，

jiù lí kāi le
就离开了。

jiù xiàng dāo dao yī yàng
就像刀刀一样，

tā yě lí kāi le wǒ men de hái zi
她也离开了我们的孩子。”

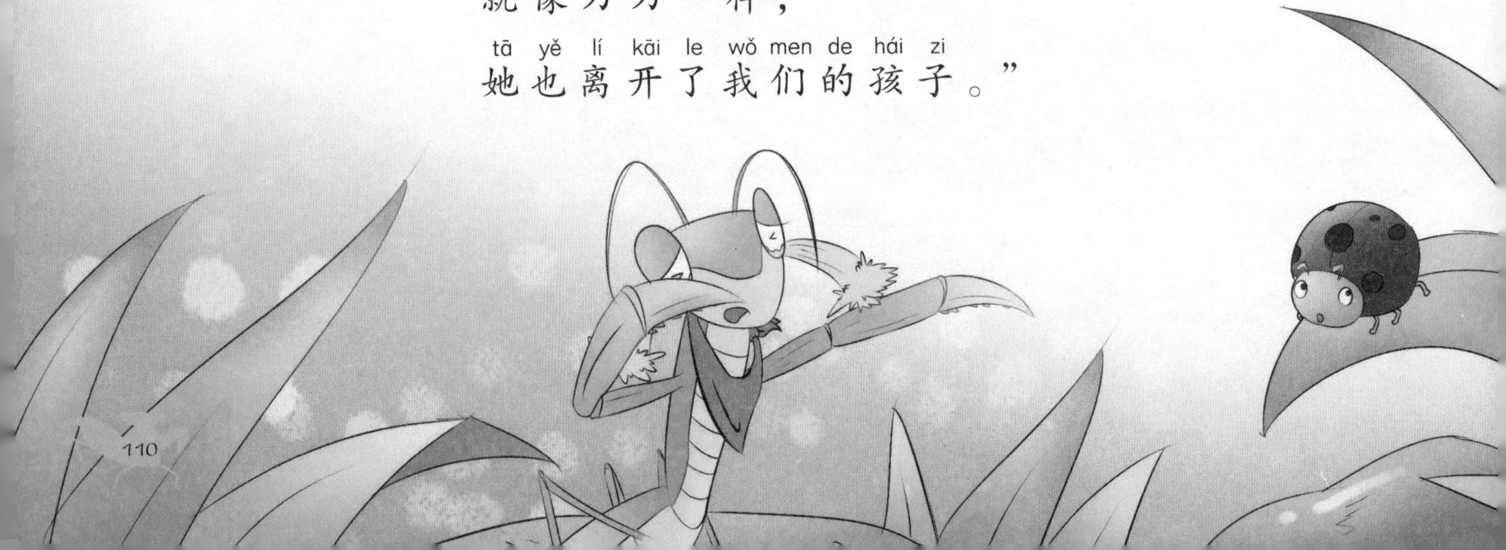

金龟子叹了一口气，说：

"谁叫螳螂妈妈这么冷酷呢？"

唐唐摇摇头，

他不同意金龟子的说法。

"螳螂妈妈为孩子们留下了这么坚固、

这么完美的巢穴，

如果没有巢穴的保护，

孩子们一定会遇到更多的坏蛋，

所以，怎么可以说螳螂妈妈冷酷呢？"

111

mā ma
"妈妈——"

xiè xie nǐ
"谢谢你——"

dāo dao
"刀刀——"

xiè xie nǐ
"谢谢你——"

táng tang de hū hǎn zài huāng shí yuán li huí dàng
唐唐的呼喊在荒石园里回荡，

tā néng gòu míng bai mā ma de zuò fǎ
他能够明白妈妈的做法，

yě néng gòu míng bai dāo dao de zuò fǎ
也能够明白刀刀的做法。

yīn wèi zhǎng zhe dà dāo de táng láng jiù shì tiān shēng de chuǎng huò guǐ
因为，长着"大刀"的螳螂就是天生的闯祸鬼，

tā men bì xū xué huì zài zhè ge wēi xiǎn de shì jiè li
他们必须学会在这个危险的世界里，

hǎo hǎo de bǎo hù zì jǐ
好好地保护自己……

 虫虫悄悄话

　　螳螂妈妈产卵后，修建好巢穴，就会丢下一切，独自离开。但是，她们的巢穴异常坚固、而且，还十分细心地为螳螂宝宝们留下了两行出来的通道。

112

每一个充满童真的"为什么"，都值得我们耐心对待！

每天解答一个"为什么"，满足孩子小小好奇心。

十万个为什么·幼儿美绘注音版（共8册）

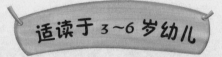

适读于 3~6 岁幼儿

送给孩子，送给自己，共享最温馨快乐的亲子时光！

所有令你惊奇和意外的

关于动物、植物、声音、气液体、光电的小知识都在这套书里！

小牛顿爱科普系列（共5册）

适读于 9~15 岁孩子

光怪陆离的问题，妙趣横生的知识，精美逼真的插图

整套全彩印刷，让孩子爱不释手